けいさんとじゅくご

4年

改訂新版

取り組んだ日

第１回	月	日
第２回	月	日
第３回	月	日
第４回	月	日
第５回	月	日
第６回	月	日
第７回	月	日
第８回	月	日
第９回	月	日
第10回	月	日
第11回	月	日
第12回	月	日
第13回	月	日
第14回	月	日
第15回	月	日
第16回	月	日
第17回	月	日
第18回	月	日
第19回	月	日
第20回	月	日

第21回	月	日
第22回	月	日
第23回	月	日
第24回	月	日
第25回	月	日
第26回	月	日
第27回	月	日
第28回	月	日
第29回	月	日
第30回	月	日
第31回	月	日
第32回	月	日
第33回	月	日
第34回	月	日
第35回	月	日
第36回	月	日
第37回	月	日
第38回	月	日
第39回	月	日
第40回	月	日

この本の使い方

●一度学習したところもくり返しやってみると、力がより確実《かくじつ》になります。そのため計算や答えは直接《ちょくせつ》書きこまずに、ノートに書くとよいでしょう。

●全部で 40 回分あります。1 回分は、計算が 8 問、熟語《じゅくご》が 10 問です。かける時間の目安は、計算が 20 分、熟語が 10 分。自分がかかった時間を書きこんでおきましょう。

●1 問ごとにチェックらんがあるので、まちがえた問題はチェックしておくと、次にやるときには注意して取り組むことができるでしょう。

●すべてやり終えたら、2 回目、3 回目とチャレンジしてみましょう。2 回目以降《いこう》は少しずつ時間を短くしていくようにすると、さらに力がついていきます。

けいさん 第1回　〈かかった時間＿＿＿＿分〉

□ ①　8 × 7 + 4 = □

□ ②　35 × 68 = □

□ ③　648 + 234 = □

□ ④　265 ÷ 53 = □

□ ⑤　64035 − 25943 = □

□ ⑥　七百五万二千六十をアラビア数字で書くと □ となります。

□ ⑦　74 × 7は，□ × 7と □ × 7とをたせばよいです。

□ ⑧　8635600を一万の位で四捨《しゃ》五入すると □ になります。

じゅくご

第一回

〈かかった時間　　分〉

□ (一) 鉄道で四国をシュウユウした。

□ (二) ナラ県の東大《とうだい》寺に大仏《だいぶつ》を見に行く。

□ (三) 日ごろの行いをハンセイする。

□ (四) このトチは不動産会社のものだ。

□ (五) カラオケでネッショウしてすっきりした。

□ (六) ぼくたちは無人島にジョウリクした。

□ (七) この電車はと中でチカを走ります。

□ (八) 楽ふは一ショウセツごとに仕切られている。

□ (九) この写真のチュウオウにいる人はだれですか。

□ (十) ぼくはいくじがないショウシンな性格《せいかく》です。

けいさん 第2回　〈かかった時間＿＿＿＿分〉

□ ① $4 \times 6 - 2 = \square$

□ ② $57 \times 79 = \square$

□ ③ $647 + 282 = \square$

□ ④ $444 \div 74 = \square$

□ ⑤ $60305 - 28735 = \square$

□ ⑥ 125847690 を漢数字で書くと，□となります。

□ ⑦ 29 × 8 は，□ × 8 から □ × 8 をひけばよいです。

□ ⑧ 546003 を切り上げて千の位までの数にすると□となります。

じゅくご　第二回

〈かかった時間　　分〉

□ (一) 努力するためになにかモクテキを持とう。

□ (二) そのコウジツではうそがばれてしまうな。

□ (三) 体育祭ではクラスがケッソクした。

□ (四) オオイタ県で温《おん》泉《せん》めぐりを楽しむ。

□ (五) ご先《せん》祖《ぞ》様から見ればぼくらはシソンだよ。

□ (六) 小鳥のスバコを作る。

□ (七) 一週間の学習計画をタッセイした。

□ (八) 兄は中学校のセイトです。

□ (九) おじは町のセイネン会のリーダーです。

□ (十) トヤマ県は昔から薬の行商で有名だ。

けいさん 第3回　〈かかった時間＿＿＿＿分〉

□ ① 49 ÷ 7 + 1 = □

□ ② 46 × 88 = □

□ ③ 265 + 593 = □

□ ④ 542 ÷ 65 = □ あまり □

□ ⑤ 80000 − 35726 = □

□ ⑥ 39623578 の 9 は □ の位です。

□ ⑦ 820 × 4200 は 82 × 42 に □ をかければよいです。

□ ⑧ 千の位を四捨《しゃ》五入して 30000 になる整数は □ から □ までの整数です。

じゅくご

第三回

〈かかった時間　　分〉

□ (一) やはりデンエンはのどかでいいなあ。

□ (二) かれはシンリンの小道をどんどん進んだ。

□ (三) 今年のつゆどきのウリョウを調べる。

□ (四) 九州でいちばん人口の多いフクオカ県。

□ (五) 会へのシュッケツを明日までに出すように。

□ (六) 神社で願い事をエマに書く。

□ (七) オウイをつぐのはかれです。

□ (八) ガクモンの道ははてしなく続いています。

□ (九) ジツレイをあげながら説明する。

□ (十) ポチはうちのバンケンなんだ。

けいさん 第4回　〈かかった時間＿＿＿＿分〉

□ ① 48 ÷ 8 − 2 = □

□ ② 345 × 78 = □

□ ③ 867 + 358 = □

□ ④ 243 ÷ 27 = □

□ ⑤ 59846 − 23828 = □

□ ⑥ 1 万が 30 こと，千が 4 こと，75 を合わせた数は □ です。

□ ⑦ 72 × 25 は，72 を □ 倍して 4 でわればよいです。

□ ⑧ 切り捨《す》ての方法で，万の位までにまるめると，70000 になる整数は □ から □ までの整数です。

第四回

〈かかった時間　　分〉

□ (一) 古い道具をソウコにしまった。

□ (二) 算数のテストで苦手なタンゲンが出た。

□ (三) みかんがエヒメの親せきからとどいた。

□ (四) 電話でデンゴンをたのむ。

□ (五) 母からきれいなユビワをもらった。

□ (六) ホウチョウを持つ手があぶなっかしい。

□ (七) いもむしのセイチュウは何か知っていますか。

□ (八) この本をサンショウしてください。

□ (九) ドリョクすればきっとできる。

□ (十) 例外をトクベツにみとめよう。

けいさん 第5回　〈かかった時間＿＿＿＿分〉

□ ①　30 × 2 ＋ 10 ＝ □

□ ②　674 × 72 ＝ □

□ ③　7948 ＋ 4653 ＝ □

□ ④　252 ÷ 36 ＝ □

□ ⑤　14060 － 4975 ＝ □

□ ⑥　1，2，3，4，5 のカードが１まいずつあります。これを使って５けたの数を作ります。２番目に大きい数は □ です。

□ ⑦　8 × 13 ＋ 12 × 13 は □ に 13 をかければよいです。

□ ⑧　切り上げの方法で，千の位までにまるめると，5000 になる整数は □ から □ までの整数です。

じゅくご

第五回

〈かかった時間　　分〉

□ ㈠ 願いがかなわずムネンだ。

□ ㈡ 日本のツウカは「円」です。

□ ㈢ あの力士《りきし》にはソコヂカラがある。

□ ㈣ かげの部分をこくぬるとリッタイ的に見える。

□ ㈤ 海辺のマツバヤシを散歩する。

□ ㈥ 地球と月はインリョクでつり合っている。

□ ㈦ 山の上からウンカイをながめる。

□ ㈧ 秋のエンソクはどこへ行くのかな。

□ ㈨ カキ講座《こうざ》で実力が上がった。

□ ㈩ 原因《げんいん》をカガク的に考える。

けいさん 第6回　〈かかった時間＿＿＿分〉

□ ①　$5 \times (23 - 19) =$ □

□ ②　$773 \div 34 =$ □ あまり □

□ ③　$516 \times 306 =$ □

□ ④　□ $- 203 = 412$

□ ⑤　$3.64 + 2.5 =$ □

□ ⑥　百億の 100 倍は □ です。

□ ⑦　0.3 mは □ cmです。

□ ⑧　0.01 が 5 こ集まった数は □ です。

第六回

〈かかった時間　　分〉

□　(一)　おじさんはガカなので絵がうまい。

□　(二)　社会科見学でコッカイ議事堂《どう》へ行く。

□　(三)　太陽の光でカイメンがキラキラ光っているよ。

□　(四)　妹とナカヨく遊ぶ。

□　(五)　カイバシラのかんづめを買いに行く。

□　(六)　赤ちゃんがヨナキする。

□　(七)　イルイをたたんでたんすにしまう。

□　(八)　兄は新聞キシャになりたがっている。

□　(九)　転校生はトットリ市から来たそうだ。

□　(十)　姉はキョウトの大学に通っています。

けいさん 第7回 〈かかった時間＿＿＿＿分〉

□ ① 300 × (17 + 8) = □

□ ② 725 ÷ 36 = □ あまり □

□ ③ 462 × 359 = □

□ ④ □ + 135 = 408

□ ⑤ 8.4 + 0.96 = □

□ ⑥ 十億の $\frac{1}{100}$ は □ です。

□ ⑦ 21.3kg は □ g です。

□ ⑧ 0.1 が 3 こと，0.001 が 7 こ集まった数は □ です。

じゅくご

第七回

〈かかった時間　　分〉

□ (一) 夜おそくまでベンキョウした。

□ (二) キンジョの人にあいさつをする。

□ (三) 関西フケンリーグの決勝戦に出る。

□ (四) コウゲンの朝は気持ちがいい。

□ (五) 兄がチュウコの車を買いました。

□ (六) 父の会社はフクギョウをみとめている。

□ (七) 文章のゼンゴのつながりに気をつけよう。

□ (八) エイゴの学習をする。

□ (九) 家庭にあって家事を主にになう男性《だんせい》をシュフという。

□ (十) コウセンのぐあいでいろいろに見える。

けいさん **第8回**　〈かかった時間______分〉

□　① $20 \times 18 \times 10 \div 6 =$ □

□　② $976 \div 32 =$ □ あまり □

□　③ $784 \times 575 =$ □

□　④ $312 \div$ □ $= 8$

□　⑤ $1.06 - 1.052 =$ □

□　⑥ 1兆の $\frac{1}{100}$ は □ です。

□　⑦ 4.8kmは □ mです。

□　⑧ 9.36は，0.01が □ こ集まった数です。

じゅくご

第八回

〈かかった時間　　分〉

□ (一) いよいよ日本選手団《だん》のコウシンだ。

□ (二) 日本でサイコウの山は富士山《ふじさん》だ。

□ (三) 都内のコウツウはかなりこんでいる。

□ (四) オウド色のパステルをかしてね。

□ (五) ここが二つの川のゴウリュウ地点だよ。

□ (六) ピンチを切りぬけるリョウアンはないか。

□ (七) シミンのための政治《せいじ》であってほしい。

□ (八) 答えをコクバンに書きなさい。

□ (九) テンサイだって努力するのだ。

□ (十) 国家のヨサンともなればたいへんなものだ。

けいさん 第9回　〈かかった時間＿＿＿＿分〉

□　①　$6 \times 5 + 42 \div 7 =$ □

□　②　$588 \div 19 =$ □ あまり □

□　③　$366 \times 152 =$ □

□　④　□ $\div 23 = 72$

□　⑤　$2.06 - 1.953 =$ □

□　⑥　79億の1000倍は □ です。

□　⑦　2800 mは □ kmです。

□　⑧　0.48は，0.1が □ こと，0.01が □ こ集まった数です。

じゅくご

第九回

〈かかった時間　　分〉

□ (一) 地しんの記事で新聞のシメンがいっぱいだ。

□ (二) 雨がふれば旅行はチュウシしよう。

□ (三) シレンを乗りこえてたくましくなる。

□ (四) 明治の次が大正ジダイですよ。

□ (五) ノートルダムジインはパリにある。

□ (六) 多くの人の手にわたるようリョウサンする。

□ (七) どんな人にもジャクテンはあるものだ。

□ (八) その年のシュウブンの日は九月二十三日でした。

□ (九) ショモツでうめつくされた部屋。

□ (十) もうすぐ、すもうの初バショが始まるな。

けいさん 第10回 〈かかった時間＿＿＿＿分〉

□ ① $5 + (50 - 25) \times 5 = \square$

□ ② $992 \div 23 = \square$ あまり $\square$

□ ③ $489 \times 391 = \square$

□ ④ $\square \times 4 = 108$

□ ⑤ $0.1 - 0.092 = \square$

□ ⑥ 3700 万の 10000 倍は □ です。

□ ⑦ 750 g は □ kgです。

□ ⑧ 7.654 は，0.1 が □ こと，0.001 が □ こ集まった数です。

じゅくご　第十回　〈かかった時間　　分〉

□ (一) なるべくゆっくりショクジをしたいな。

□ (二) 弟はおもちゃのヘイタイが気に入っている。

□ (三) ズコウの時間にりんごをかいた。

□ (四) セイヨウの文明は早くから進んでいた。

□ (五) 外へ出てホシゾラを見上げた。

□ (六) 明日の天気予《よ》報《ほう》はセイテンです。

□ (七) とてもシンセツなおばあさんだね。

□ (八) いちどユキグニへ行ってみたいな。

□ (九) かれはオオサカの大学に進んだ。

□ (十) 何かよいホウホウを考えよう。

けいさん 第11回 〈かかった時間＿＿＿分〉

□ ① 12.8 + 3.56 + 0.284 = □

□ ② 4.2 × 4 = □

□ ③ 9.5 ÷ 5 = □

□ ④ $\frac{2}{4}+\frac{1}{4}=$ □

□ ⑤ 60 ÷ 8 = □

□ ⑥ 3時間は □ 分です。

□ ⑦ 1, 3, 5, □, 9, 11, □, □, 17

□ ⑧ 1つの直線にすい直な2本の直線を, □ な直線といいます。

第十一回　〈かかった時間　分〉

□ (一) 正月に落語を聞いてハツワラいした。

□ (二) カバがのんびりとミズアびをしている。

□ (三) 地球はタイヨウ系《けい》のわく星ですね。

□ (四) これはサクネンの写真です。

□ (五) 九月はタイフウのシーズンです。

□ (六) フルイケやかわずとびこむ水の音。

□ (七) 国語ジテンで言葉の意味を調べる。

□ (八) ヤマナシまでブドウがりに出かける。

□ (九) 父はチャイロの上着が好きだ。

□ (十) やさしいのが、かのじょのチョウショだ。

けいさん 第12回　〈かかった時間＿＿＿分〉

□ ① $0.561 + 12.5 + 43 =$ □

□ ② $8.5 \times 6 =$ □

□ ③ $9.2 \div 4 =$ □

□ ④ $\frac{3}{5} + \frac{2}{5} =$ □

□ ⑤ $48 \div 5 =$ □

□ ⑥ 2日は □ 時間です。

□ ⑦ 2, 4, 6, □, 10, 12, □, □, 18

□ ⑧ 1直角は □ 度です。

じゅくご

第十二回　〈かかった時間　　分〉

□ (一) 山の上でアサヒののぼるのを見た。

□ (二) 母はツウシン教育を受けている。

□ (三) 好きな歌手のすばらしさをリキセツする。

□ (四) あそこのテンインは愛《あい》想《そ》がいい。

□ (五) 姉はオキナワに旅行に出かけた。

□ (六) かつてはイドで水をくんでいた。

□ (七) 庭で父がボクトウをふりまわしている。

□ (八) テストのトウアンを見直す。

□ (九) このドウロは工事で通行止めだよ。

□ (十) 自分の部屋でドクショをする。

けいさん 第13回 〈かかった時間＿＿＿分〉

□ ① 32.06 − 17.88 − 3.765 = □

□ ② 9.5 × 8 = □

□ ③ 9.1 ÷ 7 = □

□ ④ $\frac{3}{5}-\frac{1}{5}=$ □

□ ⑤ 182 ÷ 52 = □

□ ⑥ 4 分は □ 秒です。

□ ⑦ 5, 10, □, 20, 25, □, 35

□ ⑧ 正三角形は 3 つの角がともに □ 度です。

じゅくご

第十三回

〈かかった時間　　分〉

□ (一) この物語のケツマツはハッピーエンドだ。

□ (二) 駅のバイテンでガムを買う。

□ (三) 品物のシュルイが多すぎてまよう。

□ (四) 教会からシンプさんが出てきた。

□ (五) 二人のすもうはゴブで引き分けとなった。

□ (六) 外国でケンブンしたことを文にまとめる。

□ (七) そろそろ今年とれたシンマイが食べられるな。

□ (八) うちの犬のサンポはぼくの役目だ。

□ (九) ぼくは父のボコウであるF中学に入学したい。

□ (十) 東北のホウゲンを調べる。

けいさん 第14回 〈かかった時間＿＿＿分〉

□ ① 21.52 − 17.684 − 2.615 = □

□ ② 5.5 × 28 = □

□ ③ 15.3 ÷ 9 = □

□ ④ $\frac{5}{7}-\frac{1}{7}=$ □

□ ⑤ 31 ÷ 5 = □

□ ⑥ 2分30秒は □ 秒です。

□ ⑦ 2, 4, 8, □ , 32, □ , 128

□ ⑧ 三角形の内角の和は □ 直角です。

じゅくご

第十四回　〈かかった時間　　分〉

□ ㈠ 引っこしのじゅんびがジュンチョウに進む。

□ ㈡ ついに新しい家がカンセイした。

□ ㈢ とつぜん、ヒメイが聞こえてきた。

□ ㈣ ケイトの玉にねこがじゃれついている。

□ ㈤ カガワ県はさぬきうどんで有名だ。

□ ㈥ とてもきれいなツキヨでした。

□ ㈦ いろいろな花がノハラにさいています。

□ ㈧ そんなヤクソクをした覚えはない。

□ ㈨ ニチヨウ日に父と美術《びじゅつ》館へ行きました。

□ ㈩ 母とガッキ店へピアノを見に行きました。

けいさん 第15回　〈かかった時間＿＿＿分〉

□ ①　$0.75 + 4.53 - 2.869 = \square$

□ ②　$6.5 \times 35 = \square$

□ ③　$25.5 \div 3 = \square$

□ ④　$1\frac{3}{5} - \frac{4}{5} = \square$

□ ⑤　$95 \div 4 = \square$

□ ⑥　75分は □ 時間 □ 分です。

□ ⑦　10，20，□，□，50，60，□，80

□ ⑧　直角に交わる２本の直線を，□ な直線といいます。

じゅくご　第十五回　〈かかった時間　　分〉

□ ㈠ イバラキ県の名産品には納豆《なっとう》がある。

□ ㈡ 首相《しゅしょう》と大使のタイワが放送された。

□ ㈢ 世の中はアクニンばかりではない。

□ ㈣ かぎをかけたから、もうアンシンだ。

□ ㈤ かれのキテンのおかげで事なきをえた。

□ ㈥ わが家は祖父《そふ》も父もイシャです。

□ ㈦ クラスのゼンインで歌を歌った。

□ ㈧ 姉はインショク店で働いている。

□ ㈨ 兄は高校のスイエイ選手です。

□ ㈩ 指を切ったのでホウタイをまいた。

けいさん 第16回 〈かかった時間＿＿＿＿分〉

□ ① $1.6 \times 58 =$ □

□ ② $76.8 \div 16 =$ □

□ ③ $6 \times 3 + 8 \times 3 = ($ □ $+$ □ $) \times 3$

□ ④ $5.82 - (3.7 + 0.029) =$ □

□ ⑤ $1\frac{3}{8} + \frac{4}{8} =$ □

□ ⑥ 分子が１の分数のことを □ といいます。

□ ⑦ 1㎡は □ ㎠です。

□ ⑧ 「450円のくつ下を，30円安くしてもらいました。千円さつを１まい出すと，おつりはいくらですか。」
この問題の答えの出し方を１つの式で表しましょう。

第十六回　〈かかった時間　　分〉

(一) デパートのオクジョウで遊ぶ。

(二) せきが出たのは病気のゼンチョウだった。

(三) 世界の平和をネンガンする。

(四) あのニカイ建てが、ぼくの家です。

(五) 港でタイリョウをいのるお祭りが開かれた。

(六) 高い山ほどカンキがきびしい。

(七) この物語にぼくはすごくカンドウした。

(八) ぼくたちはホテルのホンカンにとまる。

(九) 交通がフベンな土地に住んでいる。

(十) 山の上にはガンセキがごろごろしていた。

けいさん 第17回 〈かかった時間＿＿＿＿分〉

□ ① $0.7 \times 34 =$ □

□ ② $190.8 \div 36 =$ □

□ ③ $13 \times 8 + 7 \times 8 = ($ □ $+$ □ $) \times 8$

□ ④ $1.06 + (12.7 - 3.48) =$ □

□ ⑤ $\frac{4}{9} + 1\frac{5}{9} =$ □

□ ⑥ 分母が分子よりも大きい分数のことを □ といいます。

□ ⑦ 1km^2は □ m^2です。

□ ⑧ 「1こ25円のおかしと，1こ35円のおかしを，それぞれ1人に1こずつあげることにします。8人分では，何円いるでしょうか。」
この問題の答えの出し方を1つの式で表しましょう。

じゅくご　第十七回

〈かかった時間　　分〉

□ (一) 先生が来られ、みなキリツしました。

□ (二) ホールのキャクセキはすでにいっぱいだった。

□ (三) まもなくキュウコウ電車が来ます。

□ (四) クラスの友だちのことをキュウユウという。

□ (五) 休けい時間にヤキュウをしました。

□ (六) 九州でいちばん南にあるのはカゴシマ県だ。

□ (七) 兄はキョネン中学に入学しました。

□ (八) いま、この電車はテッキョウの上を走ってる。

□ (九) 通りの角にヤッキョクがあります。

□ (十) 朝顔のカンサツ日記をつける。

第18回　〈かかった時間＿＿＿分〉

□ ①　$0.48 \times 85 = \square$

□ ②　$151.2 \div 42 = \square$

□ ③　$24 \times 6 + 18 \times 6 = (\square + \square) \times 6$

□ ④　$(29.48 - 13.68) \times 12 = \square$

□ ⑤　$1\frac{1}{5} + \frac{3}{5} = \square$

□ ⑥　$\frac{9}{5}$を帯分数に直すと□になります。

□ ⑦　0.3㎡は□㎠です。

□ ⑧　「画用紙が24まいあります。46まい買いたして，5人の生徒に配ります。1人分は何まいになるでしょうか。」
この問題の答えの出し方を1つの式で表しましょう。

じゅくご　第十八回　〈かかった時間　　分〉

□ (一) 工作のドウグをかたづける。

□ (二) 昔はクンシュ制度《せいど》がしかれていた。

□ (三) 口は消化キカンの入り口だ。

□ (四) カカリインの人に聞いてみよう。

□ (五) 引っこしの作業にグンテがいる。

□ (六) ハチのタイグンから身を守る。

□ (七) ニイガタのお米でおにぎりを作る。

□ (八) この先のコウサ点を左に曲がってください。

□ (九) コウシキ戦のメンバーに選ばれた。

□ (十) コウフクは待っていてもやって来ない。

けいさん 第19回 〈かかった時間______分〉

□ ① 0.065 × 28 = □

□ ② 115.2 ÷ 24 = □

□ ③ 7 × 12 + 4 × 12 = (□ + □) × 12

□ ④ (0.4 + 1.73) ÷ 15 = □

□ ⑤ $1\frac{5}{9}+\frac{8}{9}=$ □

□ ⑥ $1\frac{2}{5}$を仮《か》分数に直すと □ となります。

□ ⑦ 43000㎠は □ ㎡です。

□ ⑧ 「700 円のラケットを 2 本と，1 ダース 600 円のはねを半ダース買いました。代金はいくらでしょうか。」
この問題の答えの出し方を 1 つの式で表しましょう。

じゅくご

第十九回　〈かかった時間　　分〉

□ (一) 二十歳《さい》ミマンの人はお酒を飲んではいけません。

□ (二) この品はサイクがこっていますね。

□ (三) かれはわき目もふらずシゴトに精《せい》を出した。

□ (四) あの子はテンシのようにかわいいね。

□ (五) 人気芸人が番組のシカイをつとめている。

□ (六) わたしの父はシカ医です。

□ (七) 有名なシジンの作品を読む。

□ (八) ジカイの読書会には何の本を読むんだっけ？

□ (九) 父にたのまれたヨウジをはたす。

□ (十) ショジ品には名前を書いておこう。

けいさん 第20回 〈かかった時間＿＿＿＿分〉

□ ① $0.034 \times 325 =$ □

□ ② $81.375 \div 35 =$ □

□ ③ $8 \times 9 - 8 \times 3 = ($ □ $-$ □ $) \times 8$

□ ④ $(25 - 1.85 \times 12) \times 3 =$ □

□ ⑤ $3\frac{2}{5} + \frac{2}{5} =$ □

□ ⑥ $\frac{1}{3}$が 20 こ集まった数は □ です。

□ ⑦ 0.08km^2は □ m^2です。

□ ⑧ 「1 こ 250 円の消しゴムを，42 こまとめて買ったら，1 こについて 15 円ずつまけてくれました。全部でいくらはらえばいいですか。」
この問題の答えの出し方を 1 つの式で表しましょう。

第二十回　〈かかった時間　　分〉

□　(一)　シキジョウはおごそかなふんい気だ。

□　(二)　サッカーの試合がサイタマで開かれる。

□　(三)　物語のシュジンコウの気持ちを考える。

□　(四)　かべ新聞のためのシュザイをする。

□　(五)　カナガワ県には大きな貿易《ぼうえき》港がある。

□　(六)　父がセイシュを飲んでいる。

□　(七)　来年は姉が大学をジュケンする。

□　(八)　野球では九回をサイシュウ回とよぶ。

□　(九)　ぼくたちのブンシュウができ上がった。

□　(十)　持ち物のカンリはしっかりしなさい。

けいさん 第21回 〈かかった時間＿＿＿分〉

□ ① $(6 \times 4 + 19) - 4 \times 7 =$ □

□ ② 3分15秒＋4分45秒＝ □

□ ③ $28 \times 17 + 22 \times 17 =$ □

□ ④ $91 \div 40 =$ □

□ ⑤ $7 - \left(1\frac{5}{7} + 3\frac{5}{7}\right) =$ □

□ ⑥ 30以上，35未満の整数は □ です。

□ ⑦ $9.6 \div 7$の商を$\frac{1}{100}$の位まで求めたときのあまりは □ です。

□ ⑧

```
       4 □ 9
  ×      5 □
 ―――――――――――
     □ □ 8 7
 2 1 4 □
 ―――――――――――
   □ □ □ 3 7
```

じゅくご

第二十一回　〈かかった時間　　分〉

□ ㈠ ジュウショと名前を書き入れる。

□ ㈡ ギフ県の高山市には昔の町なみがある。

□ ㈢ 話し合いで決まったことをデンタツする。

□ ㈣ 友だちにショチュウ見まいのはがきを出す。

□ ㈤ トラックのジョシュ席に乗りこむ。

□ ㈥ 初戦で負けるとはザンネンなことだ。

□ ㈦ ぼくらのチームの成績《せいせき》はゼンショウだった。

□ ㈧ そろそろお客がジョウセンする時刻《じこく》だ。

□ ㈨ おみやげにナガサキのカステラをもらった。

□ ㈩ ぼくの町内にはジンジャがある。

けいさん 第22回　〈かかった時間＿＿＿＿分〉

□ ①　$(25-10)\div 3+5\times 4=\square$

□ ②　1時間40分＋2時間20分＝□

□ ③　$77\times 8-27\times 8=\square$

□ ④　$193\div 25=\square$

□ ⑤　$3-\left(1\frac{3}{11}-\frac{9}{11}\right)=\square$

□ ⑥　18以上，25以下の整数は□です。

□ ⑦　$323\div 6$の商を$\frac{1}{100}$の位まで求めたときのあまりは□です。

□ ⑧

$$\begin{array}{ccccc} & & 5 & 4 & \square \\ & \times & & \square & 7 \\ \hline & \square & \square & \square & 2 \\ 1 & \square & \square & 2 & \\ \hline \square & \square & \square & \square & 2 \end{array}$$

じゅくご

第二十二回　〈かかった時間　　分〉

□ (一) 日本一大きい湖はシガ県の琵琶《びわ》湖だ。

□ (二) 運動場に全員セイレツすること。

□ (三) チャレンジにはシッパイがつきものだ。

□ (四) 老人のアンソクには公園がいい。

□ (五) タニンの立場をよく考えてみよう。

□ (六) ダキュウがぐんぐんのびていきます。

□ (七) かれのホームランをキタイしたいね。

□ (八) あのタイガンに見えるのはホテルです。

□ (九) ラクダイしないように努力することが大切だ。

□ (十) 父のダイリであいさつに行きました。

けいさん 第23回 〈かかった時間＿＿＿分〉

□ ① $2 \times 8 - 9 + 15 \div 3 + 6 = \square$

□ ② 8分46秒＋5分37秒＝$\square$

□ ③ $31 \times 3 + 31 \times 17 = \square$

□ ④ $203 \div 14 = \square$

□ ⑤ $\left(2\frac{1}{4} + 1\frac{1}{4}\right) - \left(3\frac{1}{4} - 1\frac{3}{4}\right) = \square$

□ ⑥ ある数を四捨《しゃ》五入して3.5になったとき，もとの数は$\square$以上$\square$未満です。

□ ⑦ 36.4 ÷ 81 の商を$\frac{1}{100}$の位まで求めたときのあまりは$\square$です。

□ ⑧

$$
\begin{array}{rrrrr}
 & & 2 & 3 & \square \\
\times & & \square & \square & 5 \\
\hline
 & \square & \square & 6 & 0 \\
\square & 6 & 4 & & \\
\hline
\square & \square & \square & 6 & 0
\end{array}
$$

第二十三回 〈かかった時間　　分〉

□ (一) 卒業式でPTA会長がシュクジをのべる。

□ (二) タンカは五七五七七の三十一音がきまりです。

□ (三) 黄色の信号はチュウイを表しています。

□ (四) この通りにデンチュウが何本あるかな。

□ (五) 父からメモ用にとテチョウをもらった。

□ (六) 今日はうでのチョウシがよく、球がのびる。

□ (七) A地点からB地点までチョクセンで何キロか。

□ (八) 国外へツイホウされるなんてひどいことだ。

□ (九) かれの泳ぎのフォームはアンテイしている。

□ (十) 森林テツドウにはじめて乗った。

□ ① $47-4\times3+9\times6=$ □

□ ② 3時間20分15秒＋4時間40分30秒＝ □

□ ③ $49\times3-19\times3=$ □

□ ④ $119\div28=$ □

□ ⑤ $\left(3\frac{2}{5}-1\frac{4}{5}\right)+\left(2\frac{2}{5}+1\frac{4}{5}\right)=$ □

□ ⑥ 百の位を四捨《しゃ》五入して90000人というとき，その中に入る人数は □ 人以上 □ 人以下です。

□ ⑦ 68.7 ÷ 45の商を$\frac{1}{100}$の位まで求めたときのあまりは □ です。

□ ⑧

```
      7 6 □
  ×   □ 1 8
-------------
    □ □ 8 0
    7 6 □
3 0 4 □
-------------
□ □ □ □ □ 0
```

じゅくご

第二十四回　〈かかった時間　　分〉

□ (一) 東京のような大トシの生活にあこがれる。

□ (二) いとことのカンケイを説明する。

□ (三) 相手チームにはいいトウシュがいるそうだ。

□ (四) 日本はシマグニだ。

□ (五) 兄が友だちとトザンに出かけた。

□ (六) 人はみなビョウドウにあつかわれるのだ。

□ (七) 妹はドウワを読みふけってばかりいる。

□ (八) 三人でかえるの歌をリンショウしよう。

□ (九) 上空にはデンパがとびかっているだろう。

□ (十) タハタをあらすイノシシをたい治しよう。

けいさん 第25回　〈かかった時間＿＿＿分〉

□ ① $79-(4\times 8+16-20)=$ □

□ ② 8時間5分－5時間20分＝ □

□ ③ $18\times 36+22\times 36=$ □

□ ④ $99\div 36=$ □

□ ⑤ $6-\left(4\frac{1}{9}-3\frac{5}{9}\right)=$ □

□ ⑥ ある整数を9でわった商の小数第1位を四捨《しゃ》五入すると，20になりました。この整数は □ 以上 □ 以下です。

□ ⑦ 700 ÷ 36 の商を $\frac{1}{100}$ の位まで求めたときのあまりは □ です。

□ ⑧

$$
\begin{array}{r}
5\ \square\ 8 \\
\times\ \square\ 2\ 8 \\
\hline
\square\ 1\ 4\ 4 \\
1\ \square\ 3\ \square \\
\square\ 1\ \square \\
\hline
\square\ \square\ \square\ \square\ 4
\end{array}
$$

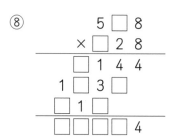

じゅくご

第二十五回　〈かかった時間　　分〉

□ (一) 先生の家はサカミチの上にある。

□ (二) たかしさんをおしたハンドウで転んでしまった。

□ (三) ハムレットはヒウンの王子といわれる。

□ (四) かりる時はシャクヨウ書に記入してください。

□ (五) 水がこおる温度をヒョウテンという。

□ (六) そのヨウキュウにこたえることはできない。

□ (七) 自動車のビョウソクをはかる。

□ (八) いなかのおばあさんからコヅツミがとどいた。

□ (九) しょうぎの強いおさむさんにショウブをいどんだ。

□ (十) 「手」は体の一ブブンを表す言葉だ。

□ ① $6\frac{5}{13} - 2\frac{3}{13} = $ □

□ ② $6\frac{3}{4} + 3\frac{1}{4} + 1\frac{1}{4} = $ □

□ ③ $2.7 \times 54 = $ □

□ ④ $46.07 \div 17 = $ □

□ ⑤ $3 \times 5.8 - 3 \times 1.3 = $ □

□ ⑥ 100円の$\frac{1}{5}$は □ 円です。

□ ⑦ 0.6，0.8，□，□，1.4，□

□ ⑧ 毎月の体重のかわり方をグラフに表すには，どんなグラフに表したらよいでしょうか。

じゅくご

第二十六回　〈かかった時間　　分〉

□ (一) 日本ではいつからヨウフクを着ていただろうか。

□ (二) 見たこともないブッタイが飛んでいたそうだ。

□ (三) かなこさんがビョウキで学校を休んだ。

□ (四) 医者になるためにベンガクにはげむ。

□ (五) お昼休みのホウソウを楽しみにしている。

□ (六) 火事でお寺がショウシツしてしまった。

□ (七) 秋はミカクがゆたかな季節だ。

□ (八) 生物のセイメイは大切にしよう。

□ (九) 日本有数の港、神戸《こうべ》港はヒョウゴ県にある。

□ (十) 実験室のヤクヒンには気をつけよう。

けいさん 第27回 〈かかった時間＿＿＿分〉

□ ① $3\frac{3}{11} - 1\frac{7}{11} =$ □

□ ② $2\frac{4}{5} + 2\frac{4}{5} + 3\frac{3}{5} =$ □

□ ③ $3.6 \times 27 =$ □

□ ④ $25.2 \div 35 =$ □

□ ⑤ $16 \times 3.14 - 6 \times 3.14 =$ □

□ ⑥ 48 mの$\frac{1}{6}$は □ mです。

□ ⑦ 1.07，1.08，□，□，□，1.12

□ ⑧ 交通事《じ》故《こ》の数を種類別にグラフで表すには，どんなグラフに表したらよいでしょうか。

第二十七回　〈かかった時間　　分〉

□ (一) 化学せんいのゲンリョウは石油だそうだ。

□ (二) 頭をひやしてレイセイになろう。

□ (三) 「風の又三郎《またさぶろう》」はユウメイな小説だ。

□ (四) 全くムゲイでおはずかしいかぎりです。

□ (五) アオバが目にしみるようにあざやかだ。

□ (六) 姉は犬のオキモノを大事にしている。

□ (七) ほら、ラクジツがまっ赤にもえるようだ。

□ (八) 友のタビジの安全を願う。

□ (九) 団地《だんち》のリョクチをもっとふやそう。

□ (十) おみこしのギョウレツが通る。

けいさん **第28回** 〈かかった時間＿＿＿＿分〉

□ ① $5\frac{4}{11} - 2\frac{6}{11} = \square$

□ ② $1\frac{3}{8} + 2\frac{5}{8} + 3\frac{1}{8} = \square$

□ ③ $4.6 \times 92 = \square$

□ ④ $6.84 \div 72 = \square$

□ ⑤ $12.5 \times 8 + 2 \times 12.5 = \square$

□ ⑥ 240 人の $\frac{2}{3}$ は □ 人です。

□ ⑦ 13.048，13.049，□，□，13.052

□ ⑧ 石油の年度ごとの輸入《ゆにゅう》量のうつりかわりをグラフで表すには，どんなグラフで表したらよいでしょうか。

じゅくご

第二十八回　〈かかった時間　　分〉

□ (一) まわりの風景にチョウワした家屋。

□ (二) だれか、うまいメイアンはないかな。

□ (三) イジョウでわたしの話を終わります。

□ (四) 社会的なチイが高い人。

□ (五) 近所のジドウ館で遊ぶ。

□ (六) この本のインサツはきれいだ。

□ (七) あのエイブンを日本語にするとどうなりますか。

□ (八) 家族旅行でクマモト県に行ってきた。

□ (九) ショクエンをかけすぎないように。

□ (十) 日本の人口はイチオク人をこえています。

□ ① $12 - 6\frac{5}{7} - 3\frac{4}{7} =$ □

□ ② $3\frac{4}{5} + 1\frac{3}{5} + 7\frac{2}{5} =$ □

□ ③ $2.86 \times 52 =$ □

□ ④ $13.3 \div 14 =$ □

□ ⑤ $5.7 \div 2 + 4.3 \div 2 =$ □

□ ⑥ 10kgの$\frac{3}{5}$は □ kgです。

□ ⑦ 0，1，3，4の4つの数字と小数点とを1回ずつ使ってできる数のうち，いちばん大きい数は □ です。

□ ⑧ 各学年ごとの読書の量をグラフで表すには，どんなグラフで表したらよいでしょうか。

第二十九回　〈かかった時間　　分〉

□ (一) かまぼこはカコウ品です。

□ (二) ろう下のそうじがぼくのニッカの一つです。

□ (三) 駅のカイサツロで待っていなさい。

□ (四) 箱を作るキカイを見学しました。

□ (五) ゴキブリはガイチュウですね。

□ (六) 学ぶことの大切さをジカクする。

□ (七) 日本カクチの天気予《よ》報《ほう》をテレビで見る。

□ (八) 街はシュクガムード一色だ。

□ (九) 神奈川県にはカンコウ地が多い。

□ (十) 漢字の書きとりがゼンブできたぞ。

けいさん 第30回 〈かかった時間＿＿＿分〉

□ ① $7\frac{1}{9}-2\frac{7}{9}-2\frac{4}{9}=$ □

□ ② $2\frac{5}{9}+5\frac{7}{9}+3\frac{2}{9}=$ □

□ ③ $0.804\times 68=$ □

□ ④ $2.94\div 84=$ □

□ ⑤ $0.3\times\frac{1}{7}+1.7\times\frac{1}{7}=$ □

□ ⑥ 76 Lの $\frac{3}{4}$ は □ Lです。

□ ⑦ 5.46, □ , □ , 5.52, 5.54

□ ⑧ ある日の気温のかわり方をグラフで表すには，どんなグラフで表したらよいでしょうか。

第三十回　〈かかった時間　　分〉

☐ ㈠ 人にはそれぞれガンボウがあるものだ。

☐ ㈡ 日本はシキがはっきりしていて美しい景色が多い。

☐ ㈢ 阿波《あわ》おどりを見にトクシマに行った。

☐ ㈣ いろいろなコッキがかかげられていく。

☐ ㈤ かれはキヨウなので図工はいつも一番だ。

☐ ㈥ 宝石《ほうせき》はやはりキショウ価値《かち》がある。

☐ ㈦ 先生は職員《しょくいん》カイギ中だそうだ。

☐ ㈧ 昔、その国はフコク強兵をかかげていた。

☐ ㈨ 生徒会のセンキョが近づいた。

☐ ㈩ しんじさんとキョウドウで作品をつくる。

けいさん 第31回 〈かかった時間＿＿＿分〉

□ ① $(14+8)\times 4-63\div 7=$ □

□ ② $3038\div 49=$ □

□ ③ $6\frac{12}{17}-3\frac{16}{17}+\frac{14}{17}=$ □

□ ④ $876001-3640+5870-376529=$ □

□ ⑤ $4.2+0.6\times 3=$ □

□ ⑥ 道のかた側に，120 mはなれて，2 本のさくらの木が植えてあります。このさくらの木の間に等しい間かくで 15 本のなえ木を植えるには，□ mおきに植えればよいです。

□ ⑦ 百の位で四捨《しゃ》五入して 50000 になる整数のうち，いちばん小さい整数は □ です。

□ ⑧

$$\begin{array}{r} \square\square \\ 36\,\overline{)\,3\,\square\,8\,\square} \\ 3\,2\,4 \\ \hline \square\square \\ 3\,6 \\ \hline 5 \end{array}$$

じゅくご

第三十一回 〈かかった時間　　分〉

□ (一) 母がキョウダイの前でけしょうをしている。

□ (二) 新せんな魚がギョコウに集まる。

□ (三) K県の都市とグンブの人口を調べる。

□ (四) 今、世の中のケイキはいいのか、悪いのか。

□ (五) 君と話すことはない。モンドウ無用だ。

□ (六) テストのケッカが発表された。

□ (七) 伊《い》勢《せ》神宮《じんぐう》はミエ県にある神社だ。

□ (八) あのタテモノは美術《びじゅつ》館です。

□ (九) 仙台《せんだい》はミヤギ県の大都市だ。

□ (十) 学期末のシケンが始まる。

けいさん　第32回　〈かかった時間＿＿＿分〉

□　①　$57 \times 38 \times 13 =$ □

□　②　$12.8 + 3.56 + 0.284 =$ □

□　③　8時間15分＋2時間45分－3時間19分＝ □

□　④　$5\frac{1}{4} + 3\frac{1}{4} - 2\frac{3}{4} =$ □

□　⑤　$2436 \div 56 =$ □

□　⑥　$2\frac{2}{3}$を仮《か》分数に直すと □ になります。

□　⑦　「400円をもって70円のノートを4さつ買い，残りのおかね全部で，1まい8円の画用紙を買いました。画用紙は何まい買えるでしょうか。」
という問題の答えの出し方を1つの式で表しましょう。

□　⑧　$151.8 \div 58$ の商を小数第2位まで求めたときのあまりは □ です。

じゅくご

第三十二回　〈かかった時間　　分〉

□ (一) もけい飛行機のつばさをコテイする。

□ (二) どうやら計画がうまくいきセイコウしたようだ。

□ (三) 体は大切、ケンコウに気をつけよう。

□ (四) グンマ県は北関東の一県です。

□ (五) ナラクの底につきおとされた気分だ。

□ (六) 農家のおばあさんがヤサイを売りにきた。

□ (七) サイキン、ぼくは空手を始めた。

□ (八) ザイモクのそばで遊んではいけませんよ。

□ (九) 午後からテンコウがくずれて雨になった。

□ (十) 父はサガ県出身の九州男児だ。

けいさん 第33回 〈かかった時間＿＿＿分〉

□ ① 8 L 2dL ＋ 7 L 4dL − 3.6 L ＝ [　　　] L

□ ② 463 × 23 ＝ [　　　]

□ ③ 115.2 ÷ 24 ＝ [　　　]

□ ④ $2\frac{1}{8}+\frac{7}{8}-\frac{1}{8}=$ [　　　]

□ ⑤ ([　　　] ＋ 5) × 6 ＝ 48

□ ⑥ 1辺12cmの正方形を，面積をかえないで，たてが16cmの長方形にすると，横の長さは[　　　]cmになります。

□ ⑦ 651276を千の位で四捨《しゃ》五入して一万の位までの数にすると[　　　]になります。

□ ⑧ ■，▲，●，■，▲，●，■，▲，●，…というように，■，▲，●がくり返しているとき，50番目には[　　　]がきます。

じゅくご

第三十三回　〈かかった時間　　分〉

□ (一) みかんのセイサン高が前年よりふえた。

□ (二) 本屋へ理科のサンコウ書を買いに行く。

□ (三) 昨年のザンショはきびしかった。

□ (四) お茶どころといえばシズオカだ。

□ (五) 物事の一ソクメンだけを見るのはいけない。

□ (六) 君もイベントにキョウリョクしてくれないか。

□ (七) 持ち物にはシメイを書いておこう。

□ (八) かれはあわててシツゲンをとり消した。

□ (九) 作物のヒンシュ改良に熱心な人だ。

□ (十) 早くシュクダイをやってしまいなさい。

けいさん 第34回 〈かかった時間＿＿＿分〉

□ ① 6.28 × 78 = □

□ ② 318 × 239 = □

□ ③ 34 ＋(56 − □) = 62

□ ④ 782 ÷ 32 = □ あまり □

□ ⑤ $7\frac{5}{11}-3\frac{7}{11}=$ □

□ ⑥ 1，2，4，7，□，16，22，□，37

□ ⑦ 2直角は □ 度です。

□ ⑧ 450このどんぐりをA，B，Cの3人で分けます。BはAの2倍，CはAの3倍になるように分けると，Aは □ こで，Bは □ こで，Cは □ こになります。

第三十四回　〈かかった時間　　分〉

□ (一) かつおはショカの味覚ですね。

□ (二) 暗いのでショウメイをつけてください。

□ (三) 話がむずかしくてカンシンが持てなかった。

□ (四) ダイジンの記者会見がある。

□ (五) シンジツを大切にしたい。

□ (六) おじいさんは海軍のタイサだった。

□ (七) 作文をセイショする。

□ (八) このことについて、君のコウサツはどうだい。

□ (九) あたりが一度にセイシしたようだった。

□ (十) ぼくのたん生日会にシュッセキしてください。

けいさん 第35回 〈かかった時間＿＿＿＿分〉

□ ① $4.95 \div 33 =$ □

□ ② $(32 + 68) \times$ □ $= 1200$

□ ③ $926 \times 132 =$ □

□ ④ $0.75 + 4.53 - 2.869 =$ □

□ ⑤ $1\frac{1}{5} - \frac{4}{5} =$ □

□ ⑥ $48905 = 10000 \times$ □ $+ 1000 \times$ □ $+ 100 \times$ □ $+ 10 \times$ □ $+$ □

□ ⑦ 6km²は □ m²です。

□ ⑧ ある整数を５でわり算したときに，考えられるあまりは，□，□，□，□，□の５通りあります。

じゅくご

第三十五回　〈かかった時間　　分〉

□ (一) つぎの三角形のメンセキを求めなさい。

□ (二) 駅前の通りは車でウセツできない。

□ (三) センソウはとてもこわいものです。

□ (四) やしはネッタイ植物です。

□ (五) 父とケイリンのレースを見に行った。

□ (六) この近くにテンネン温泉《おんせん》があるらしい。

□ (七) ミヤザキ県はニワトリの生産がさかんだ。

□ (八) インゲンのハツガを観察する。

□ (九) 夏は近くの海水ヨクジョウで泳ぐ。

□ (十) 父の運転でコウソク道路を走った。

□ ① 15分25秒－10分30秒＝□

□ ② $\frac{4}{9}+\frac{2}{9}+\frac{5}{9}=$ □

□ ③ $38.6\times7=$ □

□ ④ $560\div$ □ $=35$

□ ⑤ $46\times4\div8\times5=$ □

□ ⑥ $\frac{11}{5}$を帯分数に直すと□になります。

□ ⑦ 2m7cmは□mです。

□ ⑧

```
            □□
64 ) 4 1 □□
    □□ 4
       □ 5 □
       □□□
         3 6
```

じゅくご

第三十六回　〈かかった時間　　分〉

□ (一) 市内でレンゾク放火事件《じけん》があったそうだ。

□ (二) 三月は各学校のソツギョウシーズンだ。

□ (三) さらに理想の味をツイキュウする。

□ (四) マナスル登山たいのタイチョウの話。

□ (五) ぼくはリレーのセンシュだ。

□ (六) 山のバイリンがまもなく見ごろをむかえる。

□ (七) つくえはこのイチに運ぼう。

□ (八) 町内のジチ会でゴミ問題を話し合う。

□ (九) テイヘンかける高さわる2は何の面積か？

□ (十) この歌のテイオンの部分がむずかしい。

けいさん 第37回 〈かかった時間＿＿＿分〉

□ ① $1726 - 1437 =$ □

□ ② $6\frac{1}{8} - 1\frac{7}{8} - 2\frac{5}{8} =$ □

□ ③ $76.8 \div 16 =$ □

□ ④ 3時間28分25秒＋4時間34分46秒＝ □

□ ⑤ $64 \times 27 \times 64 =$ □

□ ⑥ $A \times 1.5 = B \times 0.8$ のとき，AとBでは □ のほうが大きいです。

□ ⑦ $7\frac{3}{8}$ を仮《か》分数に直すと □ になります。

□ ⑧ たての長さが横の長さより8cm長い長方形があります。周の長さは68cmです。たての長さは □ cmです。

第三十七回　〈かかった時間　　分〉

□ (一) スポーツのサイテンである国体が始まった。

□ (二) 駅までトホで何分かかりますか。

□ (三) トウダイの光がぐるぐるまわっている。

□ (四) 一日に八時間ロウドウする。

□ (五) 「部活動にネッシンでいいぞ。」とほめられた。

□ (六) 元旦《がんたん》にキネン写真をとってもらった。

□ (七) あのチームのハイボクは目に見えていた。

□ (八) わぁい、おこづかいがニバイにふえたぞ。

□ (九) キリストはハクアイ主義《しゅぎ》者だったそうだ。

□ (十) たん生日にセキハンをたいてもらった。

けいさん 第38回 〈かかった時間＿＿＿＿分〉

□ ① $10 - 5\frac{5}{7} - 3\frac{4}{7} =$ □

□ ② $350432 + 3805 - 4406 + 608 =$ □

□ ③ $72 \div 9 \times 6 \div 8 =$ □

□ ④ $3.06 \times 234 =$ □

□ ⑤ $8.05 \div 7 =$ □

□ ⑥ 0.07m^2は □ cm^2です。

□ ⑦ 百の位で四捨《しゃ》五入して，24000 になる数は □ 以上 □ 未満の数です。

□ ⑧ 立方体は６つの □ でかこまれた立体です。

第三十八回　〈かかった時間　　分〉

□ (一) ライト兄弟は人類初の動力ヒコウを成しとげた。

□ (二) 勉強にヒツヨウなら買ってあげますよ。

□ (三) クラス委員のトウヒョウをした。

□ (四) 生活のモクヒョウを持って生きよう。

□ (五) 向かい風なので、バッターはフリだよ。

□ (六) 午前中にカモツ列車がとう着する。

□ (七) 正月号にはフロクが三つもついていたよ。

□ (八) トチギの観光地といえば日光だ。

□ (九) 花だんがガイロを美しくかざる。

□ (十) 秋は気候のヘンカがはげしい。

けいさん 第39回 〈かかった時間＿＿＿＿分〉

□ ① $(3+6)\times 2\div 6+(8+7)\div 3=$ □

□ ② $2\frac{2}{3}+3\frac{2}{3}+1\frac{1}{3}=$ □

□ ③ $(72-$ □ $)+26=58$

□ ④ $891\div 26=$ □ あまり □

□ ⑤ $0.087\times 60=$ □

□ ⑥ 43g は □ kgです。

□ ⑦ $\frac{7}{3}$ を帯分数に直すと □ になります。

□ ⑧ 1時間に 1.5 秒進む時計は，20 日間で □ 分進みます。

第三十九回　〈かかった時間　　分〉

□ (一) さわぎにビンジョウしてにげる。

□ (二) トオアサの海岸なので泳ぎやすい。

□ (三) 母はカラオケのドウコウ会に入った。

□ (四) あの先生はまわりのジンボウがあつい。

□ (五) 春休みにボクジョウへ行った。

□ (六) 今ごろはいなかのさくらもマンカイだろう。

□ (七) 区役所でジュウミン票の写しを発行してもらう。

□ (八) ほんとうのユウキを持ちたいものだ。

□ (九) エイヨウのとりすぎは体によくない。

□ (十) 姉はキョクドのきんちょうでふるえている。

けいさん 第40回　〈かかった時間＿＿＿分〉

□ ①　24.08 ÷ 56 ＝ □

□ ②　$10\frac{3}{7}+\frac{6}{7}-9\frac{5}{7}=$ □

□ ③　4時間35分＋2時間45分＝ □

□ ④　63 ＋（63 － 18 ÷ 3）＝ □

□ ⑤　906 × 787 ＝ □

□ ⑥　5930967を千の位で四捨《しゃ》五入して一万の位までの数にすると □ になります。

□ ⑦　$\frac{2}{3}$直角は □ 度です。

□ ⑧　0.125，0.25，0.375，0.5，0.625のうち4倍すると整数になる数は □ です。

じゅくご

第四十回

〈かかった時間　　分〉

□ (一) 円のハンケイがわかれば面積が計算できる。

□ (二) 野菜のスウリョウを調べる。

□ (三) 働いてキュウリョウをいただく。

□ (四) 上長のメイレイにより部下が動く。

□ (五) ここはかつてジョウカ町だった。

□ (六) 国際《こくさい》レンゴウの本部はニューヨークにある。

□ (七) なにごともクンレンが大切なのだ。

□ (八) 村のチョウロウは九十六歳《さい》です。

□ (九) 人間はクロウを重ねたほうがしっかりする。

□ (十) 小鳥の声をロクオンしたいなあ。

解答 4年

けいさんと じゅくご

改訂新版

NICHINOKEN BOOKS

けいさん

第 1 回

① 60
② 2380
③ 882
④ 5
⑤ 38092
⑥ 7052060
⑦ 70，4
⑧ 8600000

第 2 回

① 22
② 4503
③ 929
④ 6
⑤ 31570
⑥一億二千五百八十四万七千六百九十
⑦ 30，1
⑧ 547000

第 3 回

① 8
② 4048
③ 858
④ 8 あまり 22
⑤ 44274
⑥百万
⑦ 1000
⑧ 25000，34999

第 4 回

① 4
② 26910
③ 1225
④ 9
⑤ 36018
⑥ 304075
⑦ 100
⑧ 70000，79999

じゅくご

第一回

(一)周遊
(二)奈良
(三)反省
(四)土地
(五)熱唱
(六)上陸
(七)地下
(八)小節
(九)中央
(十)小心

第二回

(一)目的
(二)口実
(三)結束
(四)大分
(五)子孫
(六)巣箱
(七)達成
(八)生徒
(九)青年
(十)富山

第三回

(一)田園
(二)森林
(三)雨量
(四)福岡
(五)出欠
(六)絵馬
(七)王位
(八)学問
(九)実例
(十)番犬

第四回

(一)倉庫
(二)単元
(三)愛媛
(四)伝言
(五)指輪
(六)包丁
(七)成虫
(八)参照
(九)努力
(十)特別

けいさん

回

70　② 48528

2601　④ 7

9085　⑥ 54312

20　⑧ 4001, 5000

6 回

20　② 22 あまり 25

157896　④ 615

6.14　⑥ 1 兆

30　⑧ 0.05

7 回

7500　② 20 あまり 5

165858　④ 273

9.36　⑥ 1 千万

21300　⑧ 0.307

8 回

600　② 30 あまり 16

450800　④ 39

0.008　⑥ 100 億

4800　⑧ 936

じゅくご

第五回

(一) 無念
(二) 通貨
(三) 底力
(四) 立体
(五) 松林
(六) 引力
(七) 雲海
(八) 遠足
(九) 夏期
(十) 科学

第六回

(一) 画家
(二) 国会
(三) 海面
(四) 仲良
(五) 貝柱
(六) 夜泣
(七) 衣類
(八) 記者
(九) 鳥取
(十) 京都

第七回

(一) 勉強
(二) 近所
(三) 府県
(四) 高原
(五) 中古
(六) 副業
(七) 前後
(八) 英語
(九) 主夫
(十) 光線

第八回

(一) 行進
(二) 最高
(三) 交通
(四) 黄土
(五) 合流
(六) 良案
(七) 市民
(八) 黒板
(九) 天才
(十) 予算

けいさん

第 9 回

① 36　② 30 あまり 18
③ 55632　④ 1656
⑤ 0.107　⑥ 7 兆 9 千億
⑦ 2.8　⑧ 4, 8

第 10 回

① 130　② 43 あまり 3
③ 191199　④ 27
⑤ 0.008　⑥ 3700 億
⑦ 0.75　⑧ 76, 54

第 11 回

① 16.644　② 16.8
③ 1.9　④ $\frac{3}{4}$
⑤ 7.5　⑥ 180
⑦ 7, 13, 15　⑧平行

第 12 回

① 56.061　② 51
③ 2.3　④ 1
⑤ 9.6　⑥ 48
⑦ 8, 14, 16　⑧ 90

じゅくご

第九回

(一) 紙面
(二) 中止
(三) 試練
(四) 時代
(五) 寺院
(六) 量産
(七) 弱点
(八) 秋分
(九) 書物
(十) 場所

第十回

(一) 食事
(二) 兵隊
(三) 図工
(四) 西洋
(五) 星空
(六) 晴天
(七) 親切
(八) 雪国
(九) 大阪
(十) 方法

第十一回

(一) 初笑
(二) 水浴
(三) 太陽
(四) 昨年
(五) 台風
(六) 古池
(七) 辞典
(八) 山梨
(九) 茶色
(十) 長所

第十二回

(一) 朝日
(二) 通信
(三) 力説
(四) 店員
(五) 沖縄
(六) 井戸
(七) 木刀
(八) 答案
(九) 道路
(十) 読書

けいさん

3回

0.415　②76

.3　④$\frac{2}{5}$

3.5　⑥240

15, 30　⑧60

14回

1.221　②154

1.7　④$\frac{4}{7}$

6.2　⑥150

16, 64　⑧2

15回

2.411　②227.5

8.5　④$\frac{4}{5}$

23.75　⑥1時間15分

30, 40, 70　⑧垂直

16回

92.8　②4.8

6, 8　④2.091

$1\frac{7}{8}$　⑥単位分数

10000　⑧1000－(450－30)

じゅくご

第十三回

(一)結末　(二)売店　(三)種類　(四)神父　(五)五分　(六)見聞　(七)新米　(八)散歩　(九)母校　(十)方言

第十四回

(一)順調　(二)完成　(三)悲鳴　(四)毛糸　(五)香川　(六)月夜　(七)野原　(八)約束　(九)日曜　(十)楽器

第十五回

(一)茨城　(二)対話　(三)悪人　(四)安心　(五)機転　(六)医者　(七)全員　(八)飲食　(九)水泳　(十)包帯

第十六回

(一)屋上　(二)前兆　(三)念願　(四)二階　(五)大漁　(六)寒気　(七)感動　(八)本館　(九)不便　(十)岩石

けいさん

第 17 回

① 23.8
② 5.3
③ 13, 7
④ 10.28
⑤ 2
⑥ 真分数
⑦ 1000000
⑧ (25＋35)×8

第 18 回

① 40.8
② 3.6
③ 24, 18
④ 189.6
⑤ $1\frac{4}{5}$
⑥ $1\frac{4}{5}$
⑦ 3000
⑧ (24＋46)÷5

第 19 回

① 1.82
② 4.8
③ 7, 4
④ 0.142
⑤ $2\frac{4}{9}$
⑥ $\frac{7}{5}$
⑦ 4.3
⑧ 700×2＋600÷2

第 20 回

① 11.05
② 2.325
③ 9, 3
④ 8.4
⑤ $3\frac{4}{5}$
⑥ $6\frac{2}{3}$
⑦ 80000
⑧ (250−15)×42

じゅくご

第十七回

(一) 起立
(二) 客席
(三) 急行
(四) 級友
(五) 野球
(六) 鹿児島
(七) 去年
(八) 鉄橋
(九) 薬局
(十) 観察

第十八回

(一) 道具
(二) 君主
(三) 器官
(四) 係員
(五) 軍手
(六) 大群
(七) 新潟
(八) 交差
(九) 公式
(十) 幸福

第十九回

(一) 未満
(二) 細工
(三) 仕事
(四) 天使
(五) 司会
(六) 歯科
(七) 詩人
(八) 次回
(九) 用事
(十) 所持

第二十回

(一) 式場
(二) 埼玉
(三) 主人公
(四) 取材
(五) 神奈川
(六) 清酒
(七) 受験
(八) 最終
(九) 文集
(十) 管理

けいさん

21回

15

②8分

350

④2.275

$1\frac{4}{7}$

⑧

$$\begin{array}{r} 4\,\boxed{2}\,9 \\ \times\quad 5\,\boxed{3} \\ \hline \boxed{1}\,\boxed{2}\,8\,7 \\ 2\,1\,4\,\boxed{5} \\ \hline \boxed{2}\,\boxed{2}\,\boxed{7}\,3\,7 \end{array}$$

30, 31, 32,
33, 34

0.01

22回

25

②4時間

400

④7.72

$2\frac{6}{11}$

⑧

$$\begin{array}{r} 5\,4\,\boxed{6} \\ \times\quad \boxed{2}\,7 \\ \hline \boxed{3}\,\boxed{8}\,\boxed{2}\,2 \\ 1\,\boxed{0}\,\boxed{9}\,2 \\ \hline \boxed{1}\,\boxed{4}\,\boxed{7}\,\boxed{4}\,2 \end{array}$$

18, 19, 20, 21,
22, 23, 24, 25

0.02

23回

18

②14分23秒

620

④14.5

2

⑧

$$\begin{array}{r} 2\,3\,\boxed{2} \\ \times\ \boxed{2}\,\boxed{0}\,5 \\ \hline \boxed{1}\,\boxed{1}\,6\,0 \\ \boxed{4}\,6\,4 \\ \hline \boxed{4}\,\boxed{7}\,\boxed{5}\,6\,0 \end{array}$$

3.45, 3.55

0.76

24回

89

②8時間45秒

90

⑧

$$\begin{array}{r} 7\,6\,\boxed{0} \\ \times\ \boxed{4}\,1\,8 \\ \hline \boxed{6}\,\boxed{0}\,8\,0 \\ 7\,6\,\boxed{0} \\ 3\,0\,4\,\boxed{0} \\ \hline \boxed{3}\,\boxed{1}\,\boxed{7}\,\boxed{6}\,\boxed{8}\,0 \end{array}$$

4.25

$5\frac{4}{5}$

89500, 90499

0.3

じゅくご

第二十一回

(一)住所 (二)岐阜 (三)伝達 (四)暑中 (五)助手 (六)残念 (七)全勝 (八)乗船 (九)長崎 (十)神社

第二十二回

(一)滋賀 (二)整列 (三)失敗 (四)安息 (五)他人 (六)打球 (七)期待 (八)対岸 (九)落第 (十)代理

第二十三回

(一)祝辞 (二)短歌 (三)注意 (四)電柱 (五)手帳 (六)調子 (七)直線 (八)追放 (九)安定 (十)鉄道

第二十四回

(一)都市 (二)関係 (三)投手 (四)島国 (五)登山 (六)平等 (七)童話 (八)輪唱 (九)電波 (十)田畑

けいさん

第25回

①51　②2時間45分

③1440

④2.75

⑤$5\frac{4}{9}$

⑥176，184

⑦0.16

⑧

$$\begin{array}{r} 5\boxed{1}8 \\ \times\ \boxed{1}28 \\ \hline \boxed{4}144 \\ 1\boxed{0}3\boxed{6} \\ \boxed{5}1\boxed{8} \\ \hline \boxed{6}\boxed{6}\boxed{3}\boxed{0}4 \end{array}$$

第26回

①$4\frac{2}{13}$　②$11\frac{1}{4}$

③145.8　④2.71

⑤13.5　⑥20

⑦1，1.2，1.6　⑧折れ線グラフ

第27回

①$1\frac{7}{11}$　②$9\frac{1}{5}$

③97.2　④0.72

⑤31.4　⑥8

⑦1.09，1.1，1.11

⑧棒グラフ

第28回

①$2\frac{9}{11}$　②$7\frac{1}{8}$

③423.2　④0.095

⑤125　⑥160

⑦13.05，13.051　⑧折れ線グラフ

じゅくご

第二十五回

(一)坂道　(二)反動　(三)悲運　(四)借用　(五)氷点　(六)要求　(七)秒速　(八)小包　(九)勝負　(十)部分

第二十六回

(一)洋服　(二)物体　(三)病気　(四)勉学　(五)放送　(六)焼失　(七)味覚　(八)生命　(九)兵庫　(十)薬品

第二十七回

(一)原料　(二)冷静　(三)有名　(四)無芸　(五)青葉　(六)置物　(七)落日　(八)旅路　(九)緑地　(十)行列

第二十八回

(一)調和　(二)名案　(三)以上　(四)地位　(五)児童　(六)印刷　(七)英文　(八)熊本　(九)食塩　(十)一億

けいさん

29 回

1$\frac{5}{7}$ ② 12$\frac{4}{5}$

148.72 ④ 0.95

5 ⑥ 6

430.1 ⑧ 棒グラフ

30 回

1$\frac{8}{9}$ ② 11$\frac{5}{9}$

54.672 ④ 0.035

$\frac{2}{7}$ ⑥ 57

5.48, 5.5 ⑧ 折れ線グラフ

31 回

79 ② 62

3$\frac{10}{17}$

501702

6

7.5

49500

⑧

```
           [9][1]
36 ) 3 [2] 8 [1]
     3  2  4
          [4][1]
           3  6
              5
```

32 回

28158 ② 16.644

7 時間 41 分 ④ 5$\frac{3}{4}$

43.5

$\frac{8}{3}$

(400−70×4)÷8

0.42

じゅくご

第二十九回

(一) 加工
(二) 日課
(三) 改札
(四) 機械
(五) 害虫
(六) 自覚
(七) 各地
(八) 祝賀
(九) 観光
(十) 全部

第三十回

(一) 願望
(二) 四季
(三) 徳島
(四) 国旗
(五) 器用
(六) 希少
(七) 会議
(八) 富国
(九) 選挙
(十) 共同

第三十一回

(一) 鏡台
(二) 漁港
(三) 郡部
(四) 景気
(五) 問答
(六) 結果
(七) 三重
(八) 建物
(九) 宮城
(十) 試験

第三十二回

(一) 固定
(二) 成功
(三) 健康
(四) 群馬
(五) 奈落
(六) 野菜
(七) 最近
(八) 材木
(九) 天候
(十) 佐賀

けいさん

第 33 回

① 12　② 10649

③ 4.8　④ $2\frac{7}{8}$

⑤ 3　⑥ 9

⑦ 650000　⑧▲

じゅくご

第三十三回

(一) 生産
(二) 参考
(三) 残暑
(四) 静岡
(五) 側面
(六) 協力
(七) 氏名
(八) 失言
(九) 品種
(十) 宿題

第 34 回

① 489.84　② 76002

③ 28　④ 24 あまり 14

⑤ $3\frac{9}{11}$　⑥ 11，29

⑦ 180

⑧ A　75，B　150，C　225

第三十四回

(一) 初夏
(二) 照明
(三) 関心
(四) 大臣
(五) 真実
(六) 大佐
(七) 清書
(八) 考察
(九) 静止
(十) 出席

第 35 回

① 0.15　② 12

③ 122232　④ 2.411

⑤ $\frac{2}{5}$　⑥ 4，8，9，0，5

⑦ 6000000　⑧ 0，1，2，3，4

第三十五回

(一) 面積
(二) 右折
(三) 戦争
(四) 熱帯
(五) 競輪
(六) 天然
(七) 宮崎
(八) 発芽
(九) 浴場
(十) 高速

第 36 回

① 4 分 55 秒　② $1\frac{2}{9}$

③ 270.2

④ 16

⑤ 115

⑥ $2\frac{1}{5}$

⑦ 2.07

⑧

```
        6 5
64 ) 4 1 9 6
     3 8 4
       3 5 6
       3 2 0
         3 6
```

第三十六回

(一) 連続
(二) 卒業
(三) 追求
(四) 隊長
(五) 選手
(六) 梅林
(七) 位置
(八) 自治
(九) 底辺
(十) 低音

けいさん	

37回

289	② $1\frac{5}{8}$
.8	④ 8時間3分11秒
10592	⑥ B
$\frac{59}{8}$	⑧ 21

38回

$\frac{5}{7}$	② 350439
6	④ 716.04
1.15	⑥ 700
23500, 24500	⑧ 正方形

39回

8	② $7\frac{2}{3}$
40	④ 34あまり7
5.22	⑥ 0.043
$2\frac{1}{3}$	⑧ 12

40回

0.43	② $1\frac{4}{7}$
7時間20分	④ 120
713022	⑥ 5930000
60	⑧ 0.25, 0.5

じゅくご

第三十七回

(一) 祭典
(二) 徒歩
(三) 灯台
(四) 労働
(五) 熱心
(六) 記念
(七) 敗北
(八) 二倍
(九) 博愛
(十) 赤飯

第三十八回

(一) 飛行
(二) 必要
(三) 投票
(四) 目標
(五) 不利
(六) 貨物
(七) 付録
(八) 栃木
(九) 街路
(十) 変化

第三十九回

(一) 便乗
(二) 遠浅
(三) 同好
(四) 人望
(五) 牧場
(六) 満開
(七) 住民
(八) 勇気
(九) 栄養
(十) 極度

第四十回

(一) 半径
(二) 数量
(三) 給料
(四) 命令
(五) 城下
(六) 連合
(七) 訓練
(八) 長老
(九) 苦労
(十) 録音

日能研
ブックス